AF618769

Soziale Betreuung:

Der

10 Minuten Waldspaziergang

Ein fertiges, einfaches Betreuungsangebot (Arbeitsmaterial) zur „niederschwelligen" 10-Minuten-Aktivierung und Beschäftigung von Senioren und Menschen mit Demenz. Inklusive Dokumentationsvorlage (Textbausteine) für diese Aktivierung.

Herstellung und Verlag:

BoD – Books on Demand, Norderstedt

Bildrechte Seite 44

Dokumentationsvorlage Seite 40

ISBN: 9783734768743

INFO

Lassen Sie ihren Bewohner genügend Zeit, die Lösung selber zu finden.

Arbeiten Sie nicht unter Zeitdruck, es handelt sich hierbei nur um eine Kurzeit-Aktivierung von maximal 10 Minuten. Findet ein Bewohner die richtige Antwort nicht, machen Sie einfach mit dem nächsten Foto weiter. Es geht nicht darum, möglichst viele „richtige“ Antworten zu finden, sondern es geht lediglich um eine sanfte Beschäftigung in Verbindung mit einem einfachen Gedächtnistraining. Sollte der Bewohner während dieses Angebots anfangen, aus seinem Leben und von eigenen Erfahrungen zu erzählen, dann lassen Sie ihn reden und hören Sie ihm aufmerksam zu. Diese angefangene Maßnahme können Sie dann an zu einem anderen Zeitpunkt wieder fortführen.

Textbausteine, die in Klammern stehen, werden grundsätzlich nicht mit vorgelesen.

Viel Spaß nun mit dieser einfachen 10 Minuten-Aktivierung.

Der
10 Minuten Waldspaziergang

Was gibt es Schöneres als einen gemütlichen Waldspaziergang? Die Vögel zwitschern fröhlich, und die gesunde Waldluft motiviert unseren Körper und Geist. Genauso soll auch diese kleine Aktivierungsmaßnahme auf Ihre Bewohner wirken. Gestalten Sie daher, mit Unterstützung dieses Fotobuchs, eine interessante Kurzzeit-Aktivierung zum Thema „Einheimische Tiere und unser Wald“. Ergänzen Sie, wenn möglich, dieses Betreuungsangebot mit kleinen Utensilien. Sammeln Sie dafür beispielsweise Tannenzapfen, Blätter oder Nüsse. Lassen Sie Ihrer Kreativität einfach freien Lauf. Es sollte nur zum Thema passen und das visuelle Angebot des Buches durch zusätzliche Aktivierung des Fühl- und Tastsinns ergänzen.

Der Ablauf dieser

Kurzeitaktivierung

folgt einem einfachen Muster

Sehen Sie sich bitte das Foto auf der Seite 09 genau an. Bei diesem Bild handelt es sich um etwas, das Sie im Wald finden oder entdecken können. Lassen Sie sich Zeit dabei.

Was erkennen Sie auf dem Bild?

(Auf Reaktion oder Antworten warten - Lösung auf Seite 42)

____

Haben Sie so etwas schon einmal selber, in echt gesehen?

____

Wo? ____

Was fällt Ihnen noch zu diesem Bild ein?

(Falls Sie auf diese Frage keine Antwort erhalten, stellen Sie die nächste Frage.)

____

____

____

Dieses Foto ist in Schwarz-Weiß, können Sie sich zu diesem Foto die passenden Farben vorstellen?

(Nennen Sie die Farben und ordnen Sie diese mit dem Zeigefinger dem Bild zu. Unterstützen Sie den Bewohner dabei etwa)

____

Nach Beantwortung aller Fragen blättern Sie bitte um und beginnen mit der Fragestellung zum nächsten Bild.

Lösung auf Seite 42

Sehen Sie sich bitte das Foto auf der Seite 11 genau an. Bei diesem Bild handelt es sich um etwas, das Sie im Wald finden oder entdecken können. Lassen Sie sich Zeit dabei.

Was erkennen Sie auf dem Bild?

(Auf Reaktion oder Antworten warten - Lösung auf Seite 42)

____

Haben Sie so etwas schon einmal selber, in echt gesehen?

____

Wo? ____

Was fällt Ihnen noch zu diesem Bild ein?

(Falls Sie auf diese Frage keine Antwort erhalten, stellen Sie die nächste Frage.)

____

____

____

Dieses Foto ist in Schwarz-Weiß, können Sie sich zu diesem Foto die passenden Farben vorstellen?

(Nennen Sie die Farben und ordnen Sie diese mit dem Zeigefinger dem Bild zu. Unterstützen Sie den Bewohner dabei etwa)

____

Nach Beantwortung aller Fragen blättern Sie bitte um und beginnen mit der Fragestellung zum nächsten Bild.

Lösung auf Seite 42

Sehen Sie sich bitte das Foto auf der Seite 13 genau an. Bei diesem Bild handelt es sich um etwas, das Sie im Wald finden oder entdecken können. Lassen Sie sich Zeit dabei.

Was erkennen Sie auf dem Bild?

(Auf Reaktion oder Antworten warten - Lösung auf Seite 42)

____

Haben Sie so etwas schon einmal selber, in echt gesehen?

____

Wo? ____

Was fällt Ihnen noch zu diesem Bild ein?

(Falls Sie auf diese Frage keine Antwort erhalten, stellen Sie die nächste Frage.)

____

____

____

Dieses Foto ist in Schwarz-Weiß, können Sie sich zu diesem Foto die passenden Farben vorstellen?

(Nennen Sie die Farben und ordnen Sie diese mit dem Zeigefinger dem Bild zu. Unterstützen Sie den Bewohner dabei etwa)

____

Nach Beantwortung aller Fragen blättern Sie bitte um und beginnen mit der Fragestellung zum nächsten Bild.

Lösung auf Seite 42

Sehen Sie sich bitte das Foto auf der Seite 15 genau an. Bei diesem Bild handelt es sich um etwas, das Sie im Wald finden oder entdecken können. Lassen Sie sich Zeit dabei.

Was erkennen Sie auf dem Bild?

(Auf Reaktion oder Antworten warten - Lösung auf Seite 42)

____

Haben Sie so etwas schon einmal selber, in echt gesehen?

____

Wo? ____

Was fällt Ihnen noch zu diesem Bild ein?

(Falls Sie auf diese Frage keine Antwort erhalten, stellen Sie die nächste Frage.)

____

____

____

Dieses Foto ist in Schwarz-Weiß, können Sie sich zu diesem Foto die passenden Farben vorstellen?

(Nennen Sie die Farben und ordnen Sie diese mit dem Zeigefinger dem Bild zu. Unterstützen Sie den Bewohner dabei etwa)

____

Nach Beantwortung aller Fragen blättern Sie bitte um und beginnen mit der Fragestellung zum nächsten Bild.

Lösung auf Seite 42

Sehen Sie sich bitte das Foto auf der Seite 17 genau an. Bei diesem Bild handelt es sich um etwas, das Sie im Wald finden oder entdecken können. Lassen Sie sich Zeit dabei.

Was erkennen Sie auf dem Bild?

(Auf Reaktion oder Antworten warten - Lösung auf Seite 42)

____

Haben Sie so etwas schon einmal selber, in echt gesehen?

____

Wo? ______________________________________

Was fällt Ihnen noch zu diesem Bild ein?

(Falls Sie auf diese Frage keine Antwort erhalten, stellen Sie die nächste Frage.)

____

____

____

Dieses Foto ist in Schwarz-Weiß, können Sie sich zu diesem Foto die passenden Farben vorstellen?

(Nennen Sie die Farben und ordnen Sie diese mit dem Zeigefinger dem Bild zu. Unterstützen Sie den Bewohner dabei etwa)

____

Nach Beantwortung aller Fragen blättern Sie bitte um und beginnen mit der Fragestellung zum nächsten Bild.

Lösung auf Seite 42

Sehen Sie sich bitte das Foto auf der Seite 19 genau an. Bei diesem Bild handelt es sich um etwas, das Sie im Wald finden oder entdecken können. Lassen Sie sich Zeit dabei.

Was erkennen Sie auf dem Bild?

(Auf Reaktion oder Antworten warten - Lösung auf Seite 42)

____

Haben Sie so etwas schon einmal selber, in echt gesehen?

____

Wo? ____

Was fällt Ihnen noch zu diesem Bild ein?

(Falls Sie auf diese Frage keine Antwort erhalten, stellen Sie die nächste Frage.)

____

____

____

Dieses Foto ist in Schwarz-Weiß, können Sie sich zu diesem Foto die passenden Farben vorstellen?

(Nennen Sie die Farben und ordnen Sie diese mit dem Zeigefinger dem Bild zu. Unterstützen Sie den Bewohner dabei etwa)

____

Nach Beantwortung aller Fragen blättern Sie bitte um und beginnen mit der Fragestellung zum nächsten Bild.

Lösung auf Seite 42

. Sehen Sie sich bitte das Foto auf der Seite 21 genau an. Bei diesem Bild handelt es sich um etwas, das Sie im Wald finden oder entdecken können. Lassen Sie sich Zeit dabei.

Was erkennen Sie auf dem Bild?

(Auf Reaktion oder Antworten warten - Lösung auf Seite 42)

____

Haben Sie so etwas schon einmal selber, in echt gesehen?

____

Wo? ____________________________________

Was fällt Ihnen noch zu diesem Bild ein?

(Falls Sie auf diese Frage keine Antwort erhalten, stellen Sie die nächste Frage.)

____

____

____

Dieses Foto ist in Schwarz-Weiß, können Sie sich zu diesem Foto die passenden Farben vorstellen?

(Nennen Sie die Farben und ordnen Sie diese mit dem Zeigefinger dem Bild zu. Unterstützen Sie den Bewohner dabei etwa)

____

Nach Beantwortung aller Fragen blättern Sie bitte um und beginnen mit der Fragestellung zum nächsten Bild.

Lösung auf Seite 42

Sehen Sie sich bitte das Foto auf der Seite 23 genau an. Bei diesem Bild handelt es sich um etwas, das Sie im Wald finden oder entdecken können. Lassen Sie sich Zeit dabei.

Was erkennen Sie auf dem Bild?

(Auf Reaktion oder Antworten warten - Lösung auf Seite 42)

____

Haben Sie so etwas schon einmal selber, in echt gesehen?

____

Wo? ____

Was fällt Ihnen noch zu diesem Bild ein?

(Falls Sie auf diese Frage keine Antwort erhalten, stellen Sie die nächste Frage.)

____

____

____

Dieses Foto ist in Schwarz-Weiß, können Sie sich zu diesem Foto die passenden Farben vorstellen?

(Nennen Sie die Farben und ordnen Sie diese mit dem Zeigefinger dem Bild zu. Unterstützen Sie den Bewohner dabei etwa)

____

Nach Beantwortung aller Fragen blättern Sie bitte um und beginnen mit der Fragestellung zum nächsten Bild.

Lösung auf Seite 42

Sehen Sie sich bitte das Foto auf der Seite 25 genau an. Bei diesem Bild handelt es sich um etwas, das Sie im Wald finden oder entdecken können. Lassen Sie sich Zeit dabei.

Was erkennen Sie auf dem Bild?

(Auf Reaktion oder Antworten warten - Lösung auf Seite 42)

____

Haben Sie so etwas schon einmal selber, in echt gesehen?

____

Wo? ____

Was fällt Ihnen noch zu diesem Bild ein?

(Falls Sie auf diese Frage keine Antwort erhalten, stellen Sie die nächste Frage.)

____

____

____

Dieses Foto ist in Schwarz-Weiß, können Sie sich zu diesem Foto die passenden Farben vorstellen?

(Nennen Sie die Farben und ordnen Sie diese mit dem Zeigefinger dem Bild zu. Unterstützen Sie den Bewohner dabei etwa)

____

Nach Beantwortung aller Fragen blättern Sie bitte um und beginnen mit der Fragestellung zum nächsten Bild.

Lösung auf Seite 42

Sehen Sie sich bitte das Foto auf der Seite 27 genau an. Bei diesem Bild handelt es sich um etwas, das Sie im Wald finden oder entdecken können. Lassen Sie sich Zeit dabei.

Was erkennen Sie auf dem Bild?

(Auf Reaktion oder Antworten warten - Lösung auf Seite 42)

____

Haben Sie so etwas schon einmal selber, in echt gesehen?

____

Wo? ____

Was fällt Ihnen noch zu diesem Bild ein?

(Falls Sie auf diese Frage keine Antwort erhalten, stellen Sie die nächste Frage.)

____

____

____

Dieses Foto ist in Schwarz-Weiß, können Sie sich zu diesem Foto die passenden Farben vorstellen?

(Nennen Sie die Farben und ordnen Sie diese mit dem Zeigefinger dem Bild zu. Unterstützen Sie den Bewohner dabei etwa)

____

Nach Beantwortung aller Fragen blättern Sie bitte um und beginnen mit der Fragestellung zum nächsten Bild.

Lösung auf Seite 42

Sehen Sie sich bitte das Foto auf der Seite 29 genau an. Bei diesem Bild handelt es sich um etwas, das Sie im Wald finden oder entdecken können. Lassen Sie sich Zeit dabei.

Was erkennen Sie auf dem Bild?

(Auf Reaktion oder Antworten warten - Lösung auf Seite 42)

____

Haben Sie so etwas schon einmal selber, in echt gesehen?

____

Wo? ____

Was fällt Ihnen noch zu diesem Bild ein?

(Falls Sie auf diese Frage keine Antwort erhalten, stellen Sie die nächste Frage.)

____

____

____

Dieses Foto ist in Schwarz-Weiß, können Sie sich zu diesem Foto die passenden Farben vorstellen?

(Nennen Sie die Farben und ordnen Sie diese mit dem Zeigefinger dem Bild zu. Unterstützen Sie den Bewohner dabei etwa)

____

Nach Beantwortung aller Fragen blättern Sie bitte um und beginnen mit der Fragestellung zum nächsten Bild.

Lösung auf Seite 42

Sehen Sie sich bitte das Foto auf der Seite 31 genau an. Bei diesem Bild handelt es sich um etwas, das Sie im Wald finden oder entdecken können. Lassen Sie sich Zeit dabei.

Was erkennen Sie auf dem Bild?

(Auf Reaktion oder Antworten warten - Lösung auf Seite 42)

____

Haben Sie so etwas schon einmal selber, in echt gesehen?

____

Wo? ____

Was fällt Ihnen noch zu diesem Bild ein?

(Falls Sie auf diese Frage keine Antwort erhalten, stellen Sie die nächste Frage.)

____

____

____

Dieses Foto ist in Schwarz-Weiß, können Sie sich zu diesem Foto die passenden Farben vorstellen?

(Nennen Sie die Farben und ordnen Sie diese mit dem Zeigefinger dem Bild zu. Unterstützen Sie den Bewohner dabei etwa)

____

Nach Beantwortung aller Fragen blättern Sie bitte um und beginnen mit der Fragestellung zum nächsten Bild.

Lösung auf Seite 42

Sehen Sie sich bitte das Foto auf der Seite 33 genau an. Bei diesem Bild handelt es sich um etwas, das Sie im Wald finden oder entdecken können. Lassen Sie sich Zeit dabei.

Was erkennen Sie auf dem Bild?

(Auf Reaktion oder Antworten warten - Lösung auf Seite 42)

____

Haben Sie so etwas schon einmal selber, in echt gesehen?

____

Wo? ____

Was fällt Ihnen noch zu diesem Bild ein?

(Falls Sie auf diese Frage keine Antwort erhalten, stellen Sie die nächste Frage.)

____

____

____

Dieses Foto ist in Schwarz-Weiß, können Sie sich zu diesem Foto die passenden Farben vorstellen?

(Nennen Sie die Farben und ordnen Sie diese mit dem Zeigefinger dem Bild zu. Unterstützen Sie den Bewohner dabei etwa)

____

Nach Beantwortung aller Fragen blättern Sie bitte um und beginnen mit der Fragestellung zum nächsten Bild.

Lösung auf Seite 42

Sehen Sie sich bitte das Foto auf der Seite 35 genau an. Bei diesem Bild handelt es sich um etwas, das Sie im Wald finden oder entdecken können. Lassen Sie sich Zeit dabei.

Was erkennen Sie auf dem Bild?

(Auf Reaktion oder Antworten warten - Lösung auf Seite 42)

____

Haben Sie so etwas schon einmal selber, in echt gesehen?

____

Wo? ____

Was fällt Ihnen noch zu diesem Bild ein?

(Falls Sie auf diese Frage keine Antwort erhalten, stellen Sie die nächste Frage.)

____

____

____

Dieses Foto ist in Schwarz-Weiß, können Sie sich zu diesem Foto die passenden Farben vorstellen?

(Nennen Sie die Farben und ordnen Sie diese mit dem Zeigefinger dem Bild zu. Unterstützen Sie den Bewohner dabei etwa)

____

Nach Beantwortung aller Fragen blättern Sie bitte um und beginnen mit der Fragestellung zum nächsten Bild.

Lösung auf Seite 42

Sehen Sie sich bitte das Foto auf der Seite 37 genau an. Bei diesem Bild handelt es sich um etwas, das Sie im Wald finden oder entdecken können. Lassen Sie sich Zeit dabei.

Was erkennen Sie auf dem Bild?

(Auf Reaktion oder Antworten warten - Lösung auf Seite 42)

___

Haben Sie so etwas schon einmal selber, in echt gesehen?

___

Wo? ___

Was fällt Ihnen noch zu diesem Bild ein?

(Falls Sie auf diese Frage keine Antwort erhalten, stellen Sie die nächste Frage.)

___

___

___

Dieses Foto ist in Schwarz-Weiß, können Sie sich zu diesem Foto die passenden Farben vorstellen?

(Nennen Sie die Farben und ordnen Sie diese mit dem Zeigefinger dem Bild zu. Unterstützen Sie den Bewohner dabei etwa)

___

Nach Beantwortung aller Fragen blättern Sie bitte um und beginnen mit der Fragestellung zum nächsten Bild.

Lösung auf Seite 42

Sehen Sie sich bitte das Foto auf der Seite 39 genau an. Bei diesem Bild handelt es sich um etwas, das Sie im Wald finden oder entdecken können. Lassen Sie sich Zeit dabei.

Was erkennen Sie auf dem Bild?

(Auf Reaktion oder Antworten warten - Lösung auf Seite 42)

___

Haben Sie so etwas schon einmal selber, in echt gesehen?

___

Wo? ___

Was fällt Ihnen noch zu diesem Bild ein?

(Falls Sie auf diese Frage keine Antwort erhalten, stellen Sie die nächste Frage.)

___

___

___

Dieses Foto ist in Schwarz-Weiß, können Sie sich zu diesem Foto die passenden Farben vorstellen?

(Nennen Sie die Farben und ordnen Sie diese mit dem Zeigefinger dem Bild zu. Unterstützen Sie den Bewohner dabei etwa)

___

Nach Beantwortung aller Fragen blättern Sie bitte um und beginnen mit der Fragestellung zum nächsten Bild.

Lösung auf Seite 42

Dokumentationstext:

Info für die Betreuer (87b): Der Text muss noch angepasst werden.

Der Bewohner/die Bewohnerin (Name) hat voller Freude/mit großem Interesse an der 10-Minuten-Aktivierung „Waldspaziergang“ teilgenommen. Bei diesem Einzelangebot handelt es sich um einfaches Gedächtnistraining, was durch visuelle Aktivierung (Fotobuch, ISBN: 9783734768743) unterstützt wurde.

Im Rahmen eines Einzelangebotes hat Herr/Frau (Name) heute eine Erinnerungsreise zum Thema „Waldspaziergang“ gemacht. Anhand des Seniorenbetreuungsbuchs „10 Minuten Waldspaziergang“ hat Herr/Frau (Name) sich an besondere Augenblicke erinnert. Dabei hat er/sie aktiv mitgemacht (erzählt). Die Aktivierung hat ihm/ihr viel Freude bereitet.

Anhand eines Aktivierungsbuchs (ISBN 9783734768743) habe ich mit Herr/Frau (Name) heute eine visuelle Reise in unseren Heimischen Wald gemacht. Herr/Frau (Name) hat dabei – im Rahmen seiner/ihrer Möglichkeiten – interessiert zugehört und die mitgebrachten Bilder (Buch) bewundert. Dabei hatte Herr/Frau (Name) viel Freude.

Platz für eigene Notizen:

Lösungen:

Seite 9	Blaumeise
Seite 11:	Jäger mit Jagdhund und Jagdgewehr
Seite 13:	Hasenspuren im Schnee
Seite 15:	Ahornblatt
Seite 17:	Kastanie
Seite 19:	Eichhörnchen
Seite 21:	Roter Fliegenpilz - Info: Er ist schwach giftig, aber nicht harmlos.
Seite 23:	Rothirsch
Seite 25:	Eurasische Luchs
Seite 27:	Reiter & Pferd im Wald
Seite 29:	Kiefern-Baum mit Kiefernzapfen
Seite 31:	Maikäfer
Seite 33:	Europäische Dachs - Info Der Dachs ist ein Raubtier aus der Familie der Marder
Seite 35:	Gestapelte Holzstämme
Seite 37:	Waldarbeiter mit Axt
Seite 39:	Rotfuchs

Buchempfehlungen!

Best of Aktivierungscoach

Das Beste aus Volume 1 bis 3

Wenn Menschen träge und passiv werden, baut nicht nur der Körper ab, sondern auch der Geist und somit die Leistung unseres Gehirns. Damit also die im Volksmund sogenannten „grauen Zellen" bei uns nicht Wirklichkeit werden, benötigen wir regelmäßiges Gehirnjogging in Verbindung mit einfachen körperlichen Aktivitäten. Selbst wer bisher kein „Anti-Graue-Zellen"-Training durchgeführt hat, kann damit jederzeit beginnen. So ist es nie zu spät aktiv zu handeln, um dem vielzitierten Altersabbau entgegenzutreten.

Taschenbuch: 148 Seiten **ISBN-13: 978-1500234799**

Konzentrationsgeschichten

Gedächtnistraining und Seniorenbeschäftigung

Bleiben Sie geistig fit und stellen Sie Ihre persönliche Gedächtnistrainingseinheit zusammen. Mit Freude und Spaß, gemeinsam mit Ihren Enkelkindern oder Seniorenbegleitern im Rahmen einer 87b-Betreuung. Lösen Sie gemeinsam die „einfachen" Fragen der kleinen Konzentrationsgeschichten und erleben Sie eine harmonische und manchmal auch lustige Gehirnjoggingzeit.

Taschenbuch: 52 Seiten **ISBN-13: 978-3735794505**

Bildrechte:

Coverbild:	aletia © Can Stock Photo Inc.
Graphic Seite 1 & 42:	aroas © Can Stock Photo Inc.
Foto Seite 5:	Leaf© Can Stock Photo Inc.
Foto Seite 7:	aletia © Can Stock Photo Inc.
Foto Seite 9:	chris2766 © Can Stock Photo Inc.
Foto Seite 11:	phbcz © Can Stock Photo Inc.
Foto Seite 13:	openlens © Can Stock Photo Inc.
Foto Seite 15:	Dimakp © Can Stock Photo Inc.
Foto Seite 17:	photocreative © Can Stock Photo Inc.
Foto Seite 19:	PhilBird © Can Stock Photo Inc.
Foto Seite 21:	dabjola © Can Stock Photo Inc.
Foto Seite 23:	Voyagerix © Can Stock Photo Inc.
Foto Seite 25:	Kyslynskyy © Can Stock Photo Inc.
Foto Seite 27:	bereta © Can Stock Photo Inc.
Foto Seite 29:	hemeroskopion © Can Stock Photo Inc.
Foto Seite 31:	Pakhnyushchyy© Can Stock Photo Inc.
Foto Seite 33:	mbtaichi © Can Stock Photo Inc.
Foto Seite 39 & 6:	CreativeNature © Can Stock Photo Inc.
Foto Seite 35:	jkirsh © Can Stock Photo Inc.
Foto Seite 37:	ilze79 © Can Stock Photo Inc.